文明健康　绿色环保

生活方式手册

全国爱卫办　中央文明办　健康中国行动推进办　指导

中国健康教育中心　组织编写

人民卫生出版社

·北　京·

图书在版编目（CIP）数据

文明健康　绿色环保生活方式手册 / 中国健康教育中心组织编写．—北京：人民卫生出版社，2021.3（2023.11重印）
ISBN 978-7-117-31392-6

Ⅰ.①文…　Ⅱ.①中…　Ⅲ.①环境保护－普及读物
Ⅳ.①X-49

中国版本图书馆 CIP 数据核字（2021）第 052321 号

文明健康　绿色环保
生活方式手册
Wenming Jiankang　Lüse Huanbao
Shenghuo Fangshi Shouce

组织编写：中国健康教育中心
出版发行：人民卫生出版社（中继线 010-59780011）
地　　址：北京市朝阳区潘家园南里 19 号
邮　　编：100021
E - mail：pmph @ pmph.com
购书热线：010-59787592　010-59787584　010-65264830
印　　刷：北京顶佳世纪印刷有限公司
经　　销：新华书店
开　　本：889 × 1194　1/32　　印张：1.5
字　　数：29 千字
版　　次：2021 年 3 月第 1 版
印　　次：2023 年11月第11次印刷
标准书号：ISBN 978-7-117-31392-6
定　　价：20.00 元
打击盗版举报电话：010-59787491　E-mail：WQ @ pmph.com
质量问题联系电话：010-59787234　E-mail：zhiliang @ pmph.com

编写专家组

组　长　李长宁

副组长　吴　敬　李英华

编　委（按姓氏笔画排序）

王兰兰　王克安　付彦芬　毕晓峰　朱忠军
李　莉　李长宁　李英华　吴　敬　吴　静
张　刚　陈　昱　周　亮　庞　宁　赵文华
赵彩云　施小明　姜　垣　聂雪琼　曾晓芃

前言

健康是促进人的全面发展的必然要求，是经济社会发展的基础条件，是民族昌盛和国家富强的重要标志。党中央始终把人民群众生命安全和身体健康放在第一位。在抗击新冠肺炎疫情的人民战争中，全国各地认真贯彻落实习近平总书记“大力开展健康知识普及，提倡文明健康、绿色环保的生活方式”的重要指示精神，深入开展爱国卫生运动和健康中国行动，有效改善城乡环境卫生状况，提升群众防病意识和健康素养，形成了全民参与健康治理、群防群控传染病的良好社会局面，为全面战胜疫情营造了有利的环境基础和社会氛围。

文明健康、绿色环保生活方式活动是全国爱国卫生运动委员会、中央精神文明建设指导委员会和健康中国行动推进委员会共同倡导的活动，是进一步贯彻落实习近平总书记关于坚持预防为主，深入开展爱国卫生运动重要指示，推动全社会践行健康强国理念，从源头上降低传染病传播风险的具体举措，是实施健康中国战略、乡村振兴战略和推进生态文明建设的重要抓手。

提升全民健康，需要政府、社会、家庭、个人共同努力。

每个人是自己健康的第一责任人，都应树立和践行对自己健康负责的健康管理理念，主动学习健康知识，提高健康素养，加强健康管理，形成符合自身和家庭特点的健康生活方式。在抗击新冠肺炎疫情过程中，人民群众的积极参与在疫情防控中发挥了重要作用，我们要把这些好做法、好习惯、好经验长期坚持下去，树立文明卫生意识，养成自主自律健康生活方式，强化生态环保意识，践行简约绿色低碳生活，提升全社会文明健康水平。

在全国爱卫办、中央文明办、健康中国行动推进办的指导下，中国健康教育中心组织专家编写了《文明健康　绿色环保生活方式手册》，分别从讲文明、铸健康、守绿色、重环保 4 个角度，向公众介绍如何在日常生活、工作和学习中积极践行文明健康、绿色环保的生活方式，切实增强公众的节约意识、环保意识和生态意识，维护自己和家人的健康，实现可持续发展。

让我们行动起来，从自身做起，从身边的小事做起，共同守护我们的美丽家园！

编者

2021 年 2 月

目 录

CHAPTER ONE

文明健康　绿色环保
生活方式手册

第一篇
讲文明

1 树立文明卫生意识，养成良好卫生习惯

公民是自己健康的第一责任人，每个人都应当树立和践行对自己健康负责的理念，同时，尊重他人的健康权利。

每个人都要树立文明卫生意识，养成正确洗手、常通风、不随地吐痰、不乱扔垃圾、不在公共场所吸烟、保持社交安全距离、注重咳嗽礼仪、科学佩戴口罩、定期开展卫生大扫除等良好卫生习惯，倡导餐桌文明，提倡分餐，使用公勺公筷。

2 学会正确洗手，保持手卫生

日常生活、工作、学习中，我们的手会接触到被病毒、细菌污染的物品，如果不能及时正确洗手，病毒、细菌可能

会通过手触摸口、眼、鼻进入人体，导致人们生病。

我们要养成勤洗手的好习惯，掌握正确的洗手方法。洗手时，使用流动水和肥皂或洗手液，每次揉搓 20 秒以上，确保手心、手指、手背、指缝、指甲缝、手腕等处均被清洗干净。不方便洗手时，可以使用免洗手消毒剂进行手部清洁。

以下情况应及时洗手：外出归来，戴口罩前及摘口罩后，准备食物前，用餐前，上厕所前后，接触公共设施或物品（如扶手、门把手、电梯按钮、钱币等）后，接触泪液、鼻涕、痰液和唾液后，护理患者前后，抱孩子、喂孩子食物前，接触动物或动物粪便后等。

3 注意开窗通风，保持室内空气流通

开窗通风换气可有效改善室内空气质量，减少室内致病微生物和其他污染物的含量，降低室内二氧化碳和有害气体的浓度。此外，阳光中的紫外线还有杀菌作用。

条件允许情况下，每天早、中、晚均应开窗通风，每次通风时间不少于 15 分钟。寒冷季节开窗通风要注意保暖。

4 爱护公共环境，不随地吐痰，不乱扔垃圾

随地吐痰不仅破坏环境卫生，还会传播疾病。因此，不要随地吐痰，吐痰时应将痰液用纸包裹，再将其扔进垃圾桶。

乱扔垃圾不仅会影响环境整洁美观，造成有毒有害物质污染环境，还会滋生蚊蝇，招引老鼠、蟑螂，导致疾病传播。因此，不能乱丢垃圾，应将垃圾扔进垃圾桶。对于已实施垃圾分类地区，应按要求分类投放。

5 不在公共场所吸烟，尊重他人的健康权益

吸烟和二手烟暴露会导致癌症、心血管疾病、呼吸系统疾病等多种疾病。烟草烟雾中至少含有69种致癌物。室内工作场所、公共场所和公共交通工具内完全禁烟是保护人们免受二手烟危害的有效措施。

二手烟不存在所谓的“安全暴露”水平。在同一建筑物或室内，采取划分吸烟区和非吸烟区、安装空气净化或通风设备等措施，都不能够消除二手烟雾对不吸烟者的危害。吸烟者应当尊重他人的健康权益，不在他人特别是孕妇和儿童面前吸烟，不在禁止吸烟的场所吸烟。吸烟者应尽早戒烟，最终做到不吸烟。

6 少聚集，隔一米

呼吸道传染病大多通过飞沫传播。飞沫传播发生在与感染者近距离接触时。因此，为了预防呼吸道传染病，在日常工作、生活中，人与人的社交安全距离应保持在 1 米以上。

保持社交安全距离不仅能降低疾病传播的风险，也是文明礼仪的体现。建议在旅游景区、商场、餐厅、医院等人群聚集的公共场所和窗口单位设置文明排队的地面指引标识和宣传标语，引导公众保持社交安全距离、自觉有序排队。

7 注重咳嗽礼仪，提升文明素养

新冠肺炎、肺结核病、流行性感冒、流行性脑脊髓膜炎、麻疹等常见呼吸道传染病的病原体可随患者咳嗽、打喷嚏、大声说话时产生的飞沫传播给他人。咳嗽、打喷嚏时应用纸巾遮掩口鼻,使用后的纸巾扔入垃圾桶。如果来不及准备纸巾,可弯曲手肘，用手肘处的衣物遮掩口鼻，尽量避免直接用手遮掩口鼻。

8 坚持科学佩戴口罩

戴口罩可以有效阻挡空气和飞沫中的细菌、病毒，是预防呼吸道传染病的重要措施。公众应学会科学佩戴口罩，保护自己和他人。

佩戴口罩前应洗手；分清口罩的正、反面，保持深色面朝外；金属条一侧在上，按压金属条使之紧贴鼻梁，使口罩与面部紧密贴合，口罩要遮盖鼻、口和下颌。口罩弄湿或弄脏后应及时更换。废弃口罩不要随地乱扔，应投放到垃圾收集处。

9 倡导餐桌文明，推广分餐公筷

餐桌文明是社会进步的体现。要做到合理备饭，不浪费粮食；讲究饮食卫生，拒绝食用野生动物；提倡分餐制，使用公勺公筷。

研究表明，幽门螺杆菌、甲肝病毒等消化道致病微生物可通过唾液污染筷子、勺子进而污染食物，传染给其他就餐者。集体就餐时采用分餐制、使用公勺公筷，避免个人使用过的餐具污染公共食物，可以有效降低病从口入的风险，减少交叉感染。使用公勺公筷,剩余的饭菜可以放心打包或分装，减少食物浪费。

此外，采用分餐制还可以根据每人每餐需要的营养搭配食物，定份定量，均衡营养，避免浪费，体现了文明健康、简约适度的生活价值观，凸显了社会的文明进步和中华美德。

CHAPTER TWO

文明健康　绿色环保
生活方式手册

第二篇
铸健康

10 自觉践行健康生活方式

健康生活方式是指有益于健康的、习惯化的行为方式，主要表现为生活有规律，没有不良嗜好，合理膳食，适量运动，不吸烟、不酗酒，心理平衡，充足睡眠，讲究个人卫生，保持环境卫生等。

我们每一个人都应树立科学的健康观念，增强健康意识，主动学习健康知识与技能，养成健康行为，践行健康生活方式，做自己健康的第一责任人。

11 合理膳食，食物多样

合理膳食指能提供全面、均衡营养的膳食。食物多样，才能满足人体各种营养需求。每天的膳食应包括谷薯类、蔬菜水果类、畜禽鱼蛋奶类、大豆坚果类等食物。建议平均每人每天摄入 12 种以上食物，每周 25 种以上。

谷类为主是平衡膳食模式的重要特征，每天摄入谷薯类食物 250~400 克，其中全谷物和杂豆类 50~150 克，薯类 50~100 克；膳食中碳水化合物提供的能量应占总能量的 50% 以上。

提倡餐餐有蔬菜，推荐每天摄入 300~500 克，深色蔬菜应占 1/2。天天吃水果，推荐每天摄入 200~350 克的新鲜水果，果汁不能代替鲜果。吃各种奶制品，每天摄入量相当于液态奶 300 克。经常吃豆制品，每天摄入量相当于大豆 25 克以上。适量吃坚果。

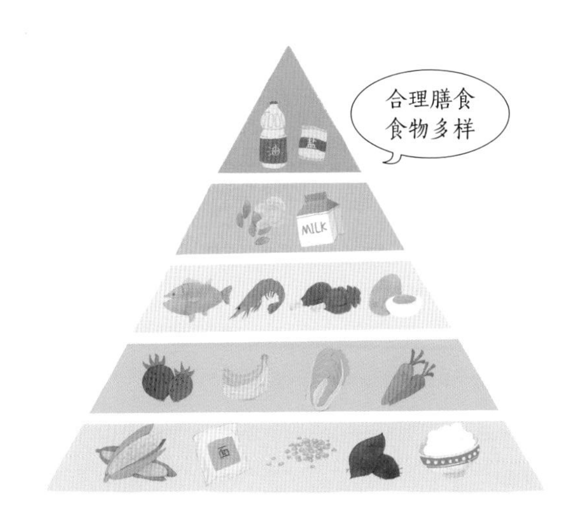

12 清淡饮食，少油少盐少糖

目前，我国多数居民食盐、烹调油和脂肪摄入过多，这是导致高血压、肥胖和心脑血管疾病等慢性病发病率居高不下的重要膳食因素。应当培养清淡饮食习惯，成人每天食盐不超过 5 克，每天烹调油不超过 25~30 克。过多摄入添加糖可增加龋齿和超重肥胖的风险，推荐每人每天摄入添加糖不超过 50 克，最好控制在 25 克以下。

13 不吃病死禽畜，发现病死禽畜要及时报告

许多疾病可以通过动物传播，如鼠疫、狂犬病、高致病性禽流感等。预防动物源性疾病传播，应做到：接触禽畜后要洗手；尽量不与病畜、病禽接触；不加工、不食用病死禽畜；

不加工、不食用未经卫生检疫合格的禽畜肉；不吃生的或未煮熟煮透的禽畜肉、水产品；不食用野生动物。发现病死禽畜要及时向当地兽医主管部门、动物卫生监督机构或动物疫病预防控制机构报告。

14 生熟食品要分开，肉类煮熟煮透后再吃

在食品加工、贮存过程中，生、熟食品要分开。切过生食品的刀不能直接切熟食品，盛放过生食品的容器不能直接盛放熟食品，避免生熟食品直接或间接接触。冰箱保存食物时，也要注意生熟分开，熟食品要加盖储存。

肉类、蛋类、水产品要煮熟煮透再吃，剩饭菜应重新彻底加热再吃。碗筷等餐具应定期煮沸消毒。生的蔬菜、水果可能沾染致病菌、寄生虫卵、有毒有害化学物质，生吃蔬菜水果要洗净。

15　不食用野生动物

野生动物指所有非经人工饲养而生活于自然环境下的各种动物。近年来，新发传染病不断出现，很多都与野生动物有关。这些新出现的传染病严重威胁人类健康。许多野生动物带有多种病原微生物，如果人与之接触，就可能感染病原微生物。如艾滋病病毒、埃博拉病毒、禽流感病毒等，都是在与野生动物的接触过程中传播到人类。

我国早在 1988 年就颁布了《中华人民共和国野生动物保护法》，禁止出售、购买、利用国家重点保护野生动物及其制品，禁止生产、经营使用国家重点保护野生动物及其制品制作的食品，或者使用没有合法来源证明的非国家重点保护野生动物及其制品制作的食品。为了人类健康，个人不要接触、捕猎、贩卖、购买、加工、食用野生动物。2020 年 2 月 24 日，第十三届全国人民代表大会常务委员会第十六次会议通过《全国人民代表大会常务委员会关于全面禁止非法野生动物交易、革除滥食野生动物陋习、切实保障人民群众生命健康安全的决定》，内容包括：严格禁止猎捕、交易、运输、食用野生动物，如有违反，在现行法律规定基础上加重处罚。

16 坚持适量运动，保持健康体重

各个年龄段人群都应该坚持适量运动、吃动平衡、保持健康体重。运动应适度量力，选择适合自己的运动方式、强度和运动量。健康成年人每周应进行 150 分钟中等强度或 75 分钟高强度运动，或每天进行中等强度运动 30 分钟以上，每周 3~5 天。尽量减少久坐时间，每小时起来动一动，动则有益，贵在坚持。

健康体重是指长期保持体重适宜的健康状态。目前常用的判断健康体重的指标是体质指数（body mass index，BMI）。BMI= 体重（千克，kg）/ 身高 ^{2}（米 ^{2}，m^2）。成人正常体质指数在 18.5~23.9kg/m^2 之间，体质指数 <18.5kg/m^2 为体重过低，体质指数在 24~27.9kg/m^2 之间为超重，体质指数 ≥28kg/m^2 为肥胖。

腰围是判断超重、肥胖的另一常用指标。成人正常腰围的警戒线为男性≥85 厘米，女性≥80 厘米；成人腰围的超标线为男性≥90 厘米，女性≥85 厘米。

体重过高或过低都是不健康的表现。体重过低一般反映能量摄入相对不足，易导致营养不良等。体重过高反映能量摄入相对过多或活动不足，易导致超重和肥胖，可显著增加

2 型糖尿病、高血压、心脑血管疾病及结肠癌等疾病的发生风险。食物摄入量和身体活动量是维持健康体重的两个主要因素。每个年龄段的人群都应该合理控制能量摄入和能量消耗，保持能量平衡和健康体重。

17 及早戒烟，越早越好

吸烟可导致多种癌症、冠心病、脑卒中、慢性阻塞性肺疾病、糖尿病、白内障、男性勃起功能障碍、骨质疏松等疾病。现在吸烟者中将来会有一半人因吸烟而提早死亡，吸烟者的平均寿命比不吸烟者至少减少 10 年。“低焦油卷烟”“中草药卷烟”不能降低吸烟带来的危害。

人们应做到不吸烟，吸烟者应尽早戒烟。要充分了解吸烟和复吸的危害，知晓戒烟过程中可能出现的戒断反应，要下定决心，不要抱着试试看的态度，吸烟者本人的戒烟意愿是成功戒烟的基础，必要时可以寻求戒烟热线或者戒烟门诊等专业帮助。

18 远离二手烟

二手烟，亦称被动吸烟、环境烟草烟雾，是指由卷烟或其他烟草产品燃烧端释放出的及由吸烟者呼出的烟草烟雾所形成的混合烟雾。二手烟暴露可导致肺癌等恶性肿瘤、冠心病、脑卒中和慢性阻塞性肺疾病等疾病。人们应当远离二手烟。吸烟者不应在公共场所、工作场所吸烟，应保护不吸烟者免受二手烟危害。

19 少饮酒，不酗酒

酒的主要成分是乙醇（酒精）和水，几乎不含有营养成分。

长期过量饮酒，会对中枢神经系统、心脑血管系统、消化系统等造成损伤，严重危害健康。

单次大量饮酒可导致脑卒中等心脑血管疾病急性发作、急性酒精中毒和意外伤害的发生。长期过量饮酒可增加多种疾病的患病风险，如高血压、酒精性肝炎、肝硬化、胃溃疡、胆囊炎、末梢神经损害、癫痫、恶性肿瘤等躯体疾病，以及抑郁症、焦虑症、慢性酒精中毒性精神障碍等精神心理疾病。长期过量饮酒还可导致人格改变，表现为以自我为中心，对家庭成员缺少关心照料；责任感降低，对工作不认真负责等。此外，过量饮酒还可导致交通事故和暴力事件增加。因此建议大家不饮酒或少饮酒，如饮酒需适量，不醉酒、不酗酒。成人一天饮酒的酒精量男性不超过 25 克，女性不超过 15 克。儿童、青少年、孕妇、哺乳期女性不饮酒。

20 重视心理健康，保持平和心态

健康是生理、心理和社会适应的完好状态。心理健康是指一种良好的心理状态和行为举止，能够恰当地认识和评价自己以及周围的人和事，有和谐的人际关系（包括家庭成员、朋友、同事等），情绪稳定，行为有目的性、有自律性，能够应对生活中的压力，能够正常学习、工作和生活，对家庭和社会有所贡献。

心理健康的表现主要有：树立积极的人生态度，肯定自己的能力，正确认识自己的社会价值，培养自尊、自爱、自重、自信的品格；不断学习社会生活必需的知识和技能，掌握自我心理调节的技巧，提高应对社会环境的能力；在社会交往中，保持乐观、愉快、积极的情绪，融入家庭、学校、单位、社会，从社会活动中获得安全感、归属感和价值感；面对生活中的挫折和困难时，采取努力、拼搏、向上的态度，保持平和积极的心态；产生消极、忧郁、焦虑等负面情绪时，能够自我调节或寻求社会支持。

21 及时调节负面情绪，积极乐观热爱生活

心理健康问题可以通过调节自身情绪和行为，向他人倾诉、寻求情感交流，拨打专业心理援助热线以及到精神心理卫生专科医院、综合医院心理门诊寻求专业人员帮助等方法解决或应对。采取乐观、开朗、豁达的生活态度，把目标定在自己能力所及的范围内，调适对社会和他人的期望值，建立良好的人际关系，培养健康的生活习惯和兴趣爱好，积极参加社会活动等，均有助于保持和促进心理健康。

22 生活规律，劳逸结合

任何生命活动都有其内在节律性。生活规律对健康十分重要，工作、学习、娱乐、休息、饮食、睡眠都要按作息规律进行。要注意劳逸结合，培养有益于健康的生活情趣和爱好。

顺应四时，起居有常。

睡眠时间存在个体差异，成人一般每天需要 7~8 小时，儿童、青少年需要更多睡眠，建议小学生每天睡眠时间不少于 10 小时，初中生不少于 9 小时，高中生不少于 8 小时，长期睡眠时间不足有害身心健康。

23 看病网上预约，减少医院滞留时间

看病就医应遵从分级诊疗，避免盲目去大医院就诊。常见病、多发病患者首先到基层医疗卫生机构就诊，急危重症患者可以直接到二级以上医院就诊。

看病网上预约可减少等待排队时间，减少人员聚集和医院交叉感染的风险；患者可以根据自己的意愿选择医生，可以选择自己方便的时间就诊；有利于使医院的门诊流量更合理，资源配置更科学；有利于降低医院管理成本，改善就医

环境等。

疫情发生时，要遵守当地疫情防控要求，提前了解疫情期间医疗机构的就诊要求和流程，熟悉科室布局，减少在医院滞留时间。

24 定期体检，及时就医

定期进行健康体检，了解身体健康状况，及早发现潜在健康问题和疾病。根据体检结果，有针对性地改变不健康的生活方式与行为，远离健康危险因素。

常见的体检项目包括一般状况、体格检查、实验室检查、影像学检查等。不同性别、不同年龄段、不同职业、不同健康状况的人，体检的内容也会不同，可咨询医生。有家族史、疾病史者，应定期进行有针对性的检查。

CHAPTER THREE

第三篇
守绿色

25 树立生态文明理念，建设清洁美丽家园

生态兴则文明兴，生态衰则文明衰。良好的生态环境是人类健康生存的根基，是人类社会可持续发展的依托，是最普惠的民生福祉。人类只有一个赖以生存的地球，必须树立尊重自然、顺应自然、保护自然的生态文明理念，增强“绿水青山就是金山银山”的意识，坚持人与自然和谐共生，才能保障人类健康生存和繁衍。

优美生态环境为全社会共同享有，需要全社会共同建设、共同保护、共同治理，每个人都应该做生态文明建设的倡导者、实践者和推动者。实行最严格的生态环境保护制度，形成绿色发展方式和生活方式，坚定走科学发展、生活富裕、生态良好的可持续发展道路，建设美丽中国。

26 节约能源资源，实现可持续发展

我国人口众多，人均资源拥有量不到世界平均水平的一半。伴随着经济持续快速发展，工业化和城镇化持续推进，我国已进入能源高消耗期，严重的能源浪费和损失使得形势更加严峻。

节约能源资源，发展循环经济，保护生态环境，是深入贯彻落实绿色发展理念、建设生态文明、实现可持续发展的内在要求。对于可再生资源来说，主要是通过合理调控资源使用率，实现资源的可持续利用；对于不可再生资源来说，主要是加强综合利用，提高资源利用率。加快发展清洁可再生能源，建立适应可持续发展要求的生产方式和消费方式，优化能源结构，推进产业升级，努力建设资源节约型、环境友好型社会，实现经济社会健康持续发展。

27 保护自然，自觉践行绿色生活

每一个人都要树立良好的生态价值观和可持续发展理念，遵守生态环境保护法律法规，在生活和生产活动中不污染和破坏生态环境。在工农业生产中，杜绝排放不符合环保要求的废水、废气、废渣，减少固体废弃物产生，不随意焚烧垃圾、秸秆，科学合理使用化肥农药。在生活中使用合格燃煤、燃油，少烧散煤，少用含磷洗涤剂，少燃放烟花爆竹，抵制露天烧烤，减少油烟排放，不在室内公共场所吸烟，使用绿色环保装修材料。

增强节约能源、节约资源、节约粮食的意识，减少能源资源消耗，做好垃圾分类。从身边的小事做起，自觉践行绿色低碳的生活方式，拒绝奢侈和浪费，争做生态环境保护的参与者、环境问题的监督者、绿色生活的践行者。

28 积极参与社区绿化美化，打造绿色整洁人居环境

社区就是我们的家，维护社区环境整洁是每一位社区居民应尽的责任。公众要主动参与到社区环境卫生整治，环境绿化、美化、净化中来，保持房前屋后和社区卫生整洁美观，打造清洁优美、文明舒适的绿色人居环境。

保持居住地及周围环境清洁，及时清理居住区内的积水、生活垃圾、人畜粪便等，保持住宅、畜棚内外清洁干燥，消除鼠、蟑、蚊、蝇等病媒生物滋生环境。

保持农贸集市、废品收购站、夜市摊区等重点场所环境卫生，不非法占道经营，不私搭乱建，不乱贴乱画，清理卫生死角。

农村要使用卫生厕所、管理好人畜粪便，实行粪便无害化处理。禁止随地大小便，家禽家畜圈养，不让粪便污染环境及水源。病死畜禽进行无害化集中处理。

保持家庭卫生，清除室内垃圾和杂物。人人动手，主动参与社区和房前屋后环境卫生整治，净化、绿化、美化周围环境。

CHAPTER FOUR

文明健康　绿色环保
生活方式手册

第四篇
重环保

29 推行垃圾分类，做到物尽其用

生活垃圾分类收集是指将生活垃圾按不同处理与处置手段的要求分成若干个种类进行收集，分类收集后采取适宜方式将各种不同类别的生活垃圾进行回收或处置，以减少生活垃圾最终处置量、实现部分有价值物质的回收利用、减少生活垃圾混合收集造成的环境污染。

推行生活垃圾分类是减少环境污染、减少资源消耗、美化生活环境、实现社会可持续发展和资源合理利用的必由之路，也是城市环境建设和管理工作的重要内容。

生活垃圾分类原则主要包括：可回收物与不可回收物分开，可燃物与不可燃物分开，干垃圾与湿垃圾分开，有害垃圾与一般垃圾分开。具体的分类方法要根据当地的生活垃圾处理设施条件进行选择。

30 选择绿色低碳出行，优先步行、骑车或公共交通出行

机动车污染物排放已成为我国许多城市空气污染的主要来源之一。选择绿色低碳出行，就是主动采用能降低二氧化碳排放量的交通方式，既节约能源、减少污染，也有益健康、兼顾效率。尽量减少使用私家车，优先步行、骑行或公共交通出行，多使用共享交通工具等绿色低碳出行方式。家庭用车应优先选择新能源汽车或节能型汽车。

31 增强节约、生态、环保意识，持续改善生态环境

环境是人类赖以生存和发展的物质基础，环境与健康息息相关。随着人口数量增加，城镇化进程以及工业化的快速发展，人类在取得经济发展、科技进步的同时，也给生态环境带来巨大压力，造成环境污染、资源枯竭、森林退化、海

洋环境恶化以及生物多样性减少等后果，严重危及人类自身健康和可持续发展。

环境恶化不仅制约经济社会发展，还是危害公众健康的重要因素，应当引起全社会的高度重视。党中央明确提出：坚决打赢蓝天保卫战，基本消除重污染天气；深入实施水污染防治行动计划，保障饮用水安全；全面落实土壤污染防治行动计划，让公众吃得放心、住得安心；持续开展农村人居环境整治行动，打造美丽乡村；持之以恒抓紧、抓好生态文明建设和生态环境保护，坚决打好污染防治攻坚战，实现人类社会的可持续发展。每一位公民都应积极响应党中央的号召，积极参与到上述行动中来，用自己的实际行动，保护生态环境，制止环境恶化，推动生态环境的持续改善。

32 自觉做生态环境的保护者、建设者

爱护环境卫生、保护环境不受污染，是每一位公民应尽的责任。保护环境就是保护我们自己，要像保护眼睛一样保护生态环境，像对待生命一样对待生态环境，切实增强节约意识、环保意识和生态意识，提升生态文明素养，坚持简约适度、绿色低碳的生活与工作方式，践行绿色消费，自觉养成节约资源、不污染环境的良好习惯，努力营造清洁、舒适、安静、优美的工作生活环境，为保护和促进人类健

康作贡献。积极参与和监督生态环境保护工作，劝阻、制止或通过“12369”平台举报破坏生态环境及影响公众健康的行为。

33 践行简约适度生活，从细微处做起

简约适度、绿色低碳的生活方式是顺应人类和自然发展规律、体现新时代特征的一种文明健康的生活风尚。公众应从日常生活中的小事做起：选购耐用品，少购买一次性用品；不跟风购买更新换代快的电子产品；选择低碳出行，优先步行、骑行或公共交通出行；利用自然采光，在光线充足的情况下尽量不开室内照明电灯，人走关灯，及时关闭电器电源；合理设定空调温度，夏季不低于 26℃，冬季不高于 20℃；

多走楼梯，少乘电梯；一水多用，节约用纸，按需点餐不浪费；使用节能产品、绿色建材和绿色环保装修材料；闲置物品改造利用或捐赠等。

34 珍惜粮食，拒绝“舌尖上的浪费”

提倡勤俭节约，珍惜粮食，杜绝浪费，是中华民族的传统美德。家庭烹饪时，按需选购食物、按需备餐，提倡分餐不浪费；公务活动用餐推行简餐和自助餐；单位食堂建立采购、加工、配餐管理制度，对浪费行为给予批评教育。餐饮企业要引导消费者适量点餐、节约用餐、剩餐打包，不设置最低消费额。倡导婚丧嫁娶等红白喜事从简用餐。

35 保护野生动植物，拒绝购买野生动物制品

爱护山水林田湖草生态系统，不破坏野生动植物栖息地，不随意进入自然保护区，不在自然保护区内进行砍伐、放牧、狩猎、捕捞、采药、开垦、烧荒、开矿、采石、挖沙等违法活动。不滥捕滥杀野生动物，拒绝购买野生动物制品，拒绝食用野生动物。掌握濒危动植物的相关知识，保护珍稀、濒危野生动植物，见到非法捕猎或采伐行为及时向相关部门举报。

36 使用环保用品，减少使用一次性用品

环保材料具有成本低、无污染、易回收、可再利用等特点。使用环保材料，能够节省能源，降低对环境的影响，促进可持续发展。

日常生活中的一次性用品是指只能使用一次的各类生活用品。一次性用品不仅消耗大量的自然资源，而且还会导致生活垃圾增加。在日常生活中，我们要多使用环保用品，尽量减少一次性用品的使用。如在外就餐时，尽量减少一次性餐具的使用；外出自带水杯，尽量减少一次性水杯的使用；外出购物，自带购物工具（如篮子、提包等），尽量减少一次性塑料袋的使用等。

参考文献

1. 中华人民共和国国家卫生和计划生育委员会 . 中国公民健康素养——基本知识与技能 [M]. 北京：中国人口出版社，2015.
2. 中华人民共和国卫生部，中国疾病预防控制中心 . 健康生活方式核心信息 [M]. 北京：人民卫生出版社，2011.
3. 中华人民共和国卫生部 . 公共场所卫生管理条例实施细则 [EB/OL].（2011-03-10）[2021-03-12]. http：//www.gov.cn/flfg/2011-03/22/content_1829432.htm.
4. 中共中央办公厅，国务院办公厅 . 关于厉行节约反对食品浪费的意见 [EB/OL].（2014-03-18）[2021-03-12]. http：//www.gov.cn/gongbao/content/2014/content_2644806.htm.
5. 中华人民共和国国家卫生健康委员会疾病预防控制局，国家癌症中心 . 癌症防治核心信息及知识要点 [M]. 北京：中国人口出版社，2018.
6. 中华人民共和国卫生部 . 中国成年人身体活动指南 [M]. 北京：人民卫生出版社，2011.
7. 中国营养学会 . 中国居民膳食指南 [M]. 北京：人民卫生出版社，2016.
8. 中华人民共和国卫生部 . 中国吸烟危害健康报告 [M]. 北京：人民卫生出版社，2012.
9. 中华人民共和国全国人民代表大会常务委员会 . 中华人民共和国传染病防治法 [EB/OL].（2013-06-29）[2021-03-12]. http：//www.npc.gov.cn/npc/c238/202001/099a493d03774811b058f0f0ece38078.shtml.
10. 中华人民共和国全国人民代表大会常务委员会 . 中华人民共和国野生动物保护法 [EB/OL].（2018-10-26）[2021-03-12]. http：//www.npc.gov.cn/npc/c238/202001/a0d85c00a9a44b7a80fd88f2bb678253.shtml.
11. 中华人民共和国国家市场监督管理总局和中国国家标准化管理委员会 . 生活垃圾分类标志 [M]. 南京：南京大学出版社，2019.
12. 中华人民共和国卫生部 . 粪便无害化卫生要求 [M]. 北京：商务印书馆，2012.
13. 中华人民共和国生态环境部 . 中国公民生态环境与健康素养 [EB/OL].（2020-07-24）[2021-03-12]. http：//www.mee.gov.cn/xxgk2018/xxgk/xxgk01/202007/t20200727_791324.html.
14. 中华人民共和国全国人民代表大会常务委员会 . 中华人民共和国精神卫生法 [EB/OL].（2012-10-26）[2021-03-12]. http：//www.gov.cn/jrzg/2012-10/26/content_2252122.htm.

倡导文明健康、绿色环保生活方式宣传语

普及健康知识，增强防病意识；

维护公共卫生，净化美化环境；

勤洗手常通风，不乱吐不乱扔；

保持社交距离，注重咳嗽礼仪；

科学佩戴口罩，看病网上预约；

推广分餐公筷，拒食野生动物；

食物多样搭配，拒绝餐饮浪费；

提倡戒烟限酒，坚持适量运动；

保持平和心态，积极乐观自律；

推行垃圾分类，绿色低碳出行。

55检